できた シート
いろいろな くに
しゃしんの
なかや まわりに
シールを
はってね！
CHINA☆中国 チュウゴク
UK☆イギリス
USA☆アメリカ
NETHERLANDS☆オランダ
NEW ZEALAND☆ニュージーランド
JAPAN☆日本 ニホン
BRAZIL☆ブラジル
やっほ～
めえええ～
リラックス
©meiji/y.takai

おかしなドリル 小学1年 とけい

もくじ

本誌に記載がある商品は2023年３月時点での商品であり，デザインが変更になったり，販売が終了したりしている場合があります。

写真：アフロ

1 いろいろな とけい

時計の数の並び・針の動き方の確認

なまえ

1 とけいが 4つ あります。とけいを みつけて ○で かこみましょう。

1つ10［40てん］

いろいろな
とけいが
あるね。

いえの なかでも
とけいを さがして
みよう。

1 いろいろな とけい

2 （　　）に あう すうじや ことばを かきましょう。

1つ15［60てん］

この とけいには（　1　）から（　　　）までの すうじが かいて あります。

ながい はりと みじかい はりが あり，どちらも（　みぎ　）まわりに すすみます。

はやく うごくのは（　ながい　）はりです。

こたえ 56ページ

がつ　にち　てん

2 12までの かず

短針を読むのに必要な12までの数やその並び方の確認

なまえ

1 おかしの かずを かぞえて すうじを かきましょう。

1つ10［70てん］

①

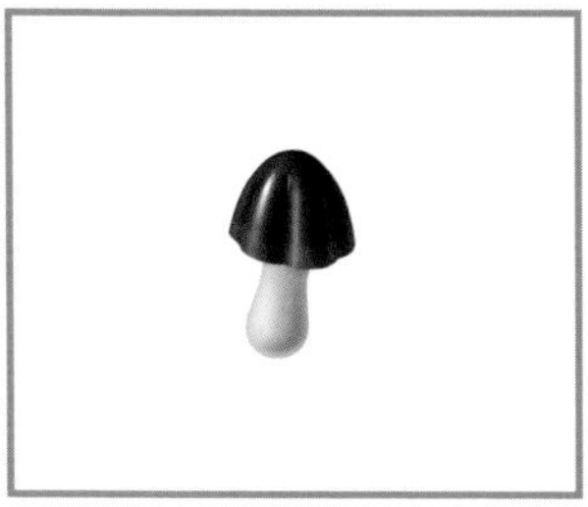

②

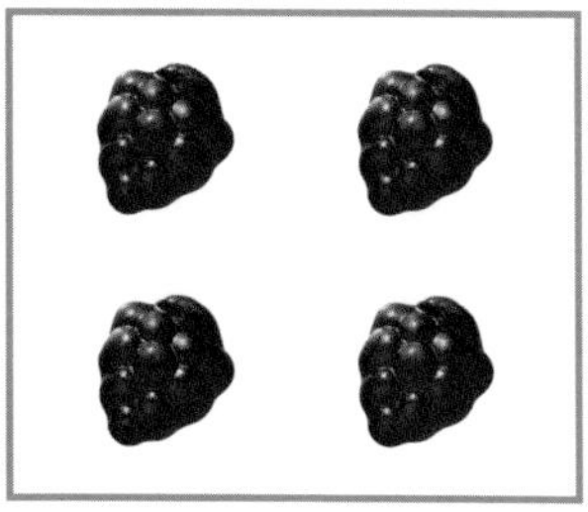

③

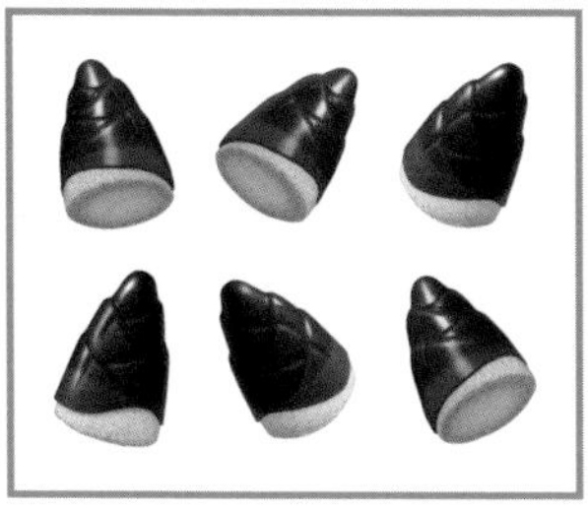

④

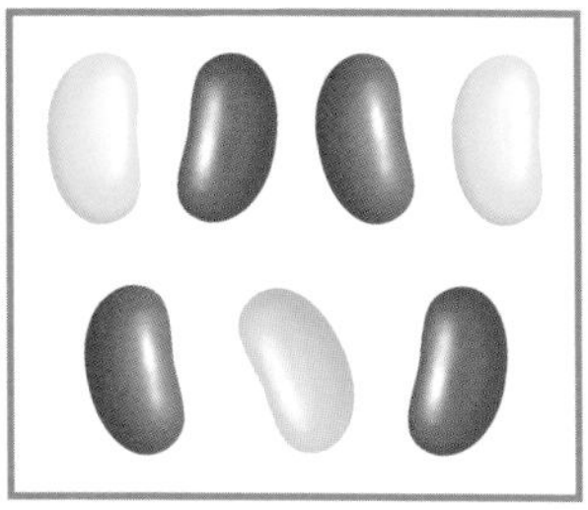

⑤

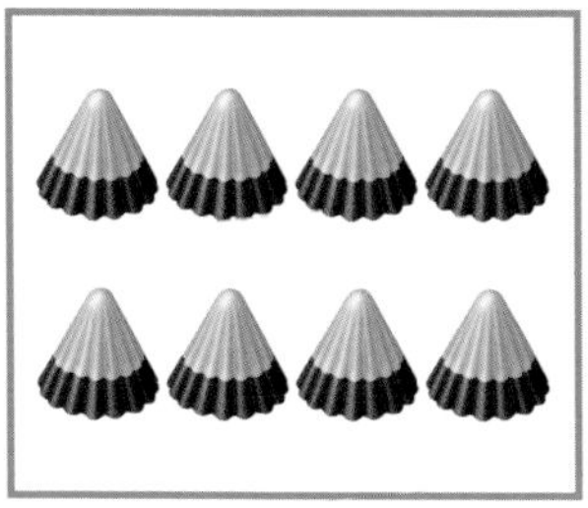

⑥

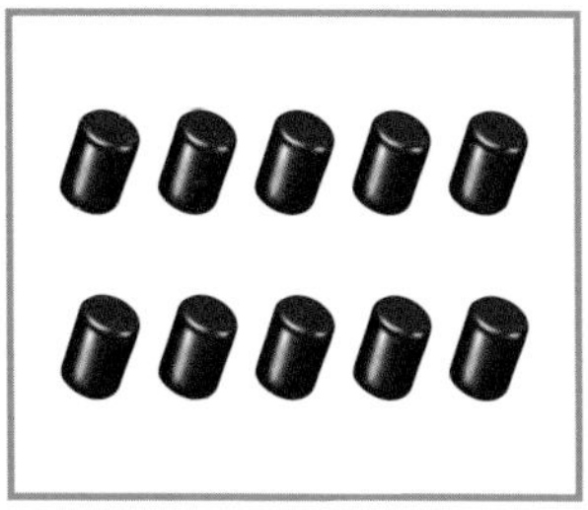

⑦

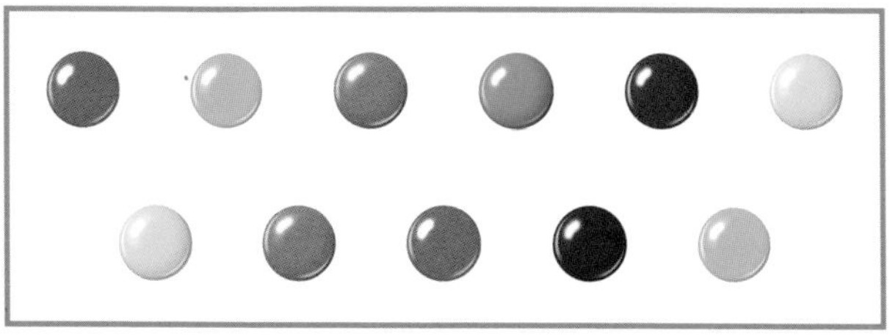

2 12までの かず

2 □に あう かずを かきましょう。 1つ5［20てん］

① 1 — 2 — 3 — □ — 5 — 6

② 7 — 8 — □ — 10 — 11 — □

1ずつ おおきく
なって いるね。

3 →《やじるし》の むきに かぞえて，○に あう かずを かきましょう。 1つ5［10てん］

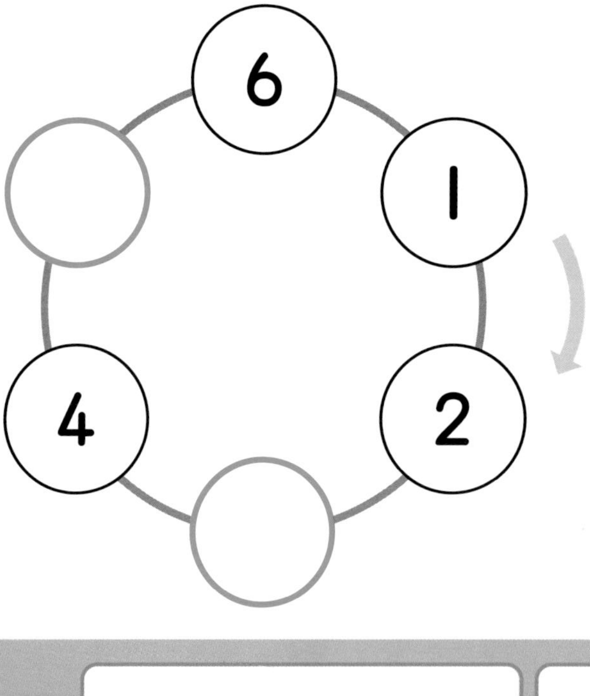
6
1
2
4

2より 1
おおきい
かずは……。

こたえ 57ページ

がつ　にち　てん

3 なんじ ①

1時から5時までの時刻

なまえ

1 とけいを よみましょう。 1つ10［30てん］

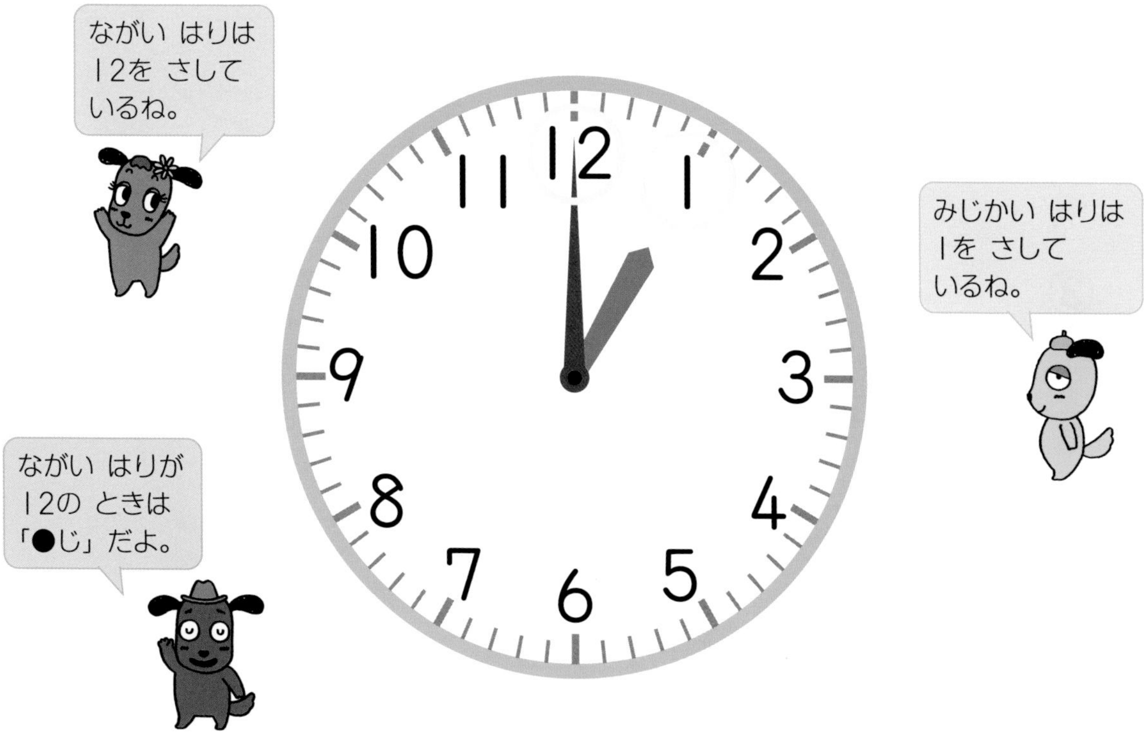

ながい はりは
12を さして
いるね。
ながい はりが
12の ときは
「●じ」だよ。
みじかい はりは
1を さして
いるね。

ながい はりが 12を さして いる ときは,
みじかい はりが さして いる かずを みて,
「●じ」と よみます。

このとけいは, ながい はりが（　　　）,
みじかい はりが（　　　）を さして
いるので,（　　じ　）です。

2 とけいを よみましょう。 1つ10 [40てん]

①

（　　　じ　　　）

②

（　　　　　　）

③

（　　　　　　）

④

（　　　　　　）

3 ながい はりを かきましょう。 1つ15 [30てん]

① 1じ

② 4じ

こたえ 58ページ

がつ　にち　てん

4 なんじ ②

6時から12時までの時刻

なまえ

1 とけいを よみましょう。

1つ10［30てん］

①

（　　じ　　）

ながい はりは 12だから, 「●じ」と こたえるよ。
みじかい はりが 6だから……。

②

（　　　　）

③

（　　　　）

2 10じと 12じの どちらですか。

［10てん］

（　　　　）

4 なんじ ②

3 とけいを よみましょう。 1つ10［40てん］

①

（　　　　　　）

②

（　　　　　　）

③

（　　　　　　）

④

（　　　　　　）

4 みじかい はりを かきましょう。 1つ10［20てん］

① 7じ
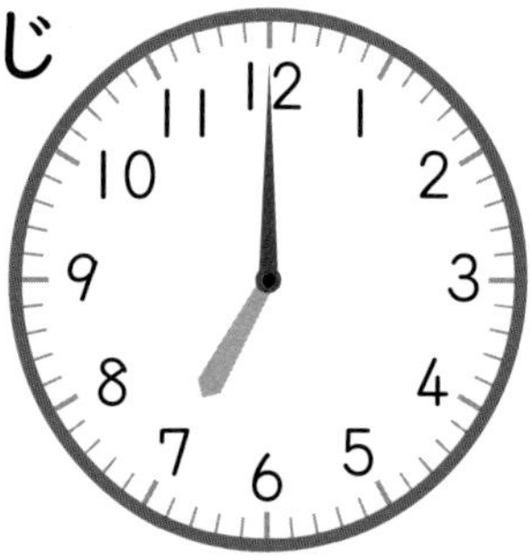

② 9じ

こたえ 59ページ

がつ　にち　てん

5 なんじ まとめ

1時から12時までの時刻

なまえ

1 とけいを よみましょう。

1つ10［50てん］

①

12 1 2 3 4 5 6 7 8 9 10 11

（　　じ　　）

ながい はりが
12だから，
「●じ」だね。

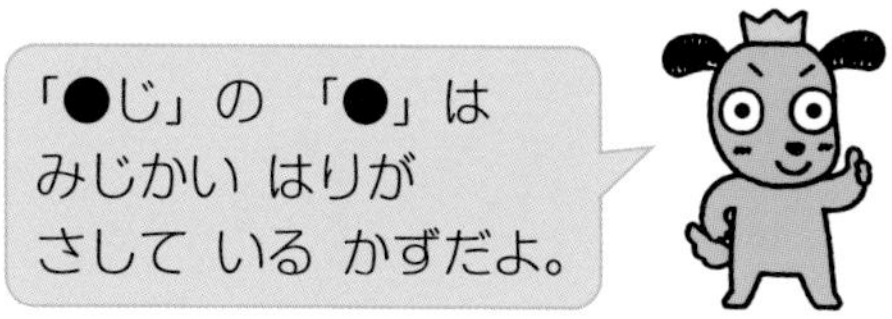
「●じ」の 「●」は
みじかい はりが
さして いる かずだよ。

②

12 1 2 3 4 5 6 7 8 9 10 11

（　　　　）

③

12 1 2 3 4 5 6 7 8 9 10 11

（　　　　）

④

12 1 2 3 4 5 6 7 8 9 10 11

（　　　　）

⑤

12 1 2 3 4 5 6 7 8 9 10 11

（　　　　）

5 なんじ まとめ

2 ただしい ほうに ○を つけましょう。 1つ15［30てん］

①

（ 6じ ・ 12じ ）

②

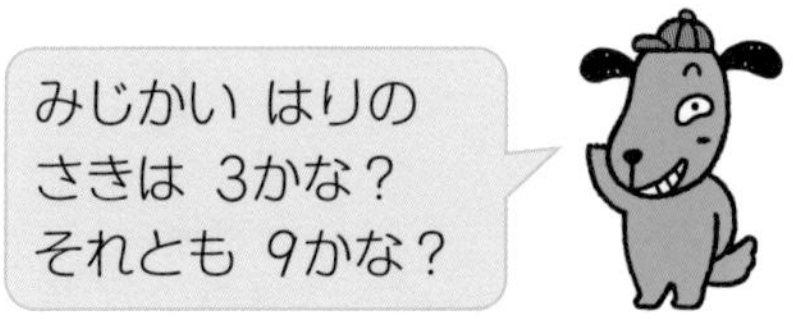
みじかい はりの
さきは 3かな？
それとも 9かな？

（ 3じ ・ 9じ ）

3 ながい はりを かきましょう。 1つ10［20てん］

① 5じ

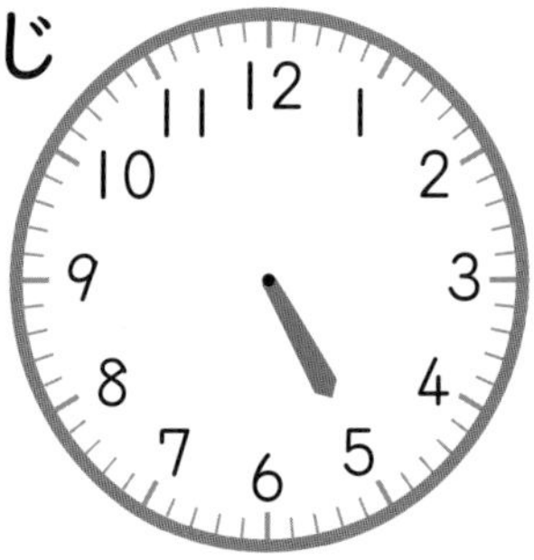

② 11じ

こたえ 60ページ

がつ にち てん

チョコっと まめちしき

マーブルの
ひみつ

○ホップ・ブルーと なかまたち○

マーブルには ぜんぶで 7しゅるいの いろが あり，カラフルです。マーブルわんちゃんには 7つの いろ それぞれの なまえが ついて います。

ホップ・ブルー　デイジー・レッド　ルンバ・オレンジ　パクパク・イエロー

パット・グリーン　トイ・ブラウン　ルンルン・ピンク

○マーブルの たんじょう○

マーブルは たんじょうした ときから おなじ かたちの パッケージです。あつい なつでも とけにくい チョコレートとして うまれました。

○マーブルの なまえ○

だいりせきと おはじきは どちらも
えいごで マーブルと いいます。
マーブルチョコレートは
ひょうめんに だいりせきに にた
つやが ある こと，かたちが
おはじきに にて いる ことから，
マーブルと なづけられました。

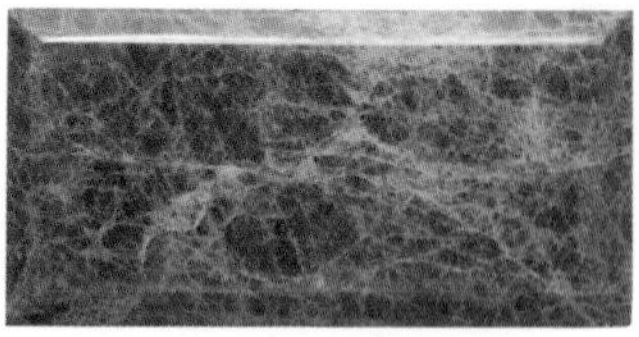
だいりせき

おはじき

○「せかいのたびシリーズ」の シール○

マーブルには，
「せかいのたびシリーズ」の
シールが ついて います。
この シールには，
マーブルわんちゃんが せかいの
ゆうめいな ばしょに いって いる
えが かかれて います。

じっさいに ある くにや ばしょが
とうじょうするので，シールに かかれた ばしょが
どこなのか しらべてみるのも たのしいですね。

6 なんじはん ①

1時半から5時半までの時刻

なまえ

1 とけいを よみましょう。　1つ10［40てん］

ながい はりが
6の ときは
「●じはん」
だよ。

みじかい
はりは
1と 2の
あいだ

ながい はりは
6

ちいさい ほうの
かずを みて
「●じはん」と
よむよ。

ながい はりが 6を さして いる ときは，
「●じはん」と よみます。

この とけいは，ながい はりが（　　　　），
みじかい はりが（　　　　）と（　　　　）の
あいだを さして いるので，（　　　じはん　）
です。

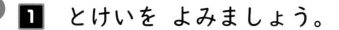

6 なんじはん ①

2 とけいを よみましょう。　1つ10［40てん］

① 

（　じはん　）

② 

（　　　　）

③ 

（　　　　）

Iまわりの
はんぶんだから，
「はん」なんだね。

④ 

（　　　　）

3 ながい はりを かきましょう。　1つ10［20てん］

① Iじはん

② 3じはん

こたえ 61ページ

がつ　にち　｜　てん

7 なんじはん ②

6時半から11時半までの時刻

なまえ

1 とけいを よみましょう。

1つ10［30てん］

①

（　　じはん　　）

ながい はりは
6だから,
「●じはん」と
こたえるよ。

みじかい はりが
6と 7の あいだだね。
ちいさい ほうの
かずを よむんだよ。

②

（　　　　）

③

（　　　　）

2 10じはんの とけいは どちらですか。

［20てん］

あ

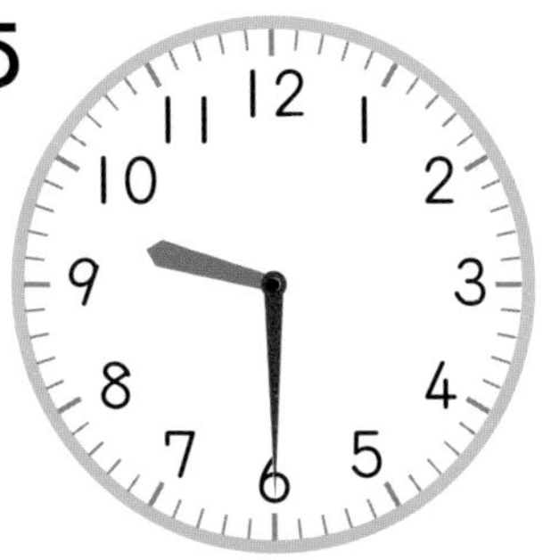

い

（　　　　）

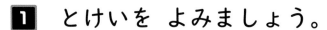

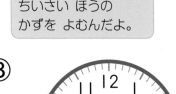

7 なんじはん ②

3 とけいを よみましょう。 1つ10［30てん］

①

（　　　　　　）

②

（　　　　　　）

③

（　　　　　　）

「なんじはん」の
とけいの よみかたが
わかったかな。

4 おんがくかいが はじまります。

とけいを よみましょう。

［20てん］

（　　　　　　）

こたえ 62ページ

がつ　にち　　てん

8 なんじはん まとめ

1時半から11時半までの時刻

なまえ

1 とけいを よみましょう。

1つ10［50てん］

①

ながい はりが
6の ときは……。

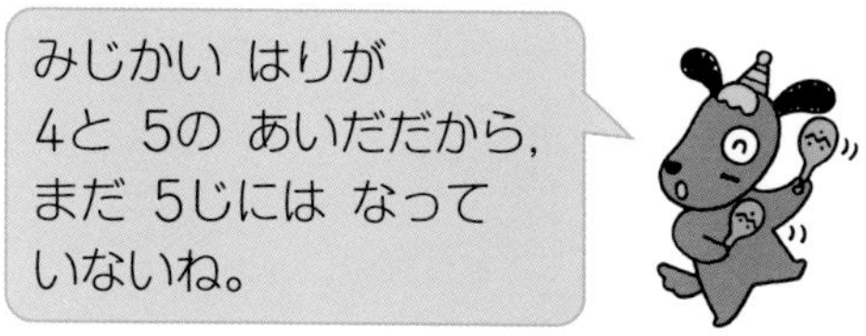
みじかい はりが
4と 5の あいだだから,
まだ 5じには なって
いないね。

（　　じはん　　）

②

（　　　　　　）

③

（　　　　　　）

④

（　　　　　　）

⑤

（　　　　　　）

8 なんじはん まとめ

2 とけいを よみましょう。　1つ10［50てん］

①

（　　　　　　　）

②

（　　　　　　　）

③

（　　　　　　　）

④

（　　　　　　　）

⑤

（　　　　　　　）

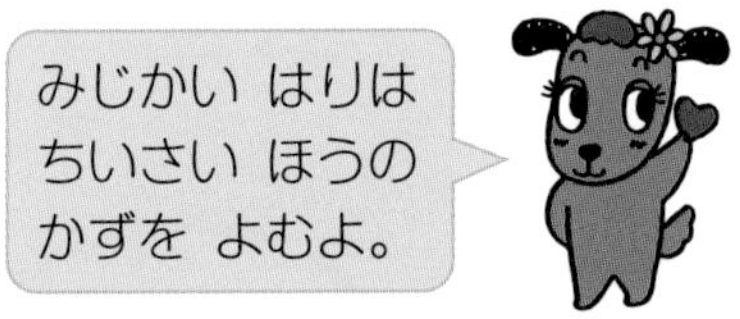
みじかい はりは
ちいさい ほうの
かずを よむよ。

こたえ 63ページ

がつ　　にち　　てん

9 なんじ なんじはん まとめ

何時と何時半のまとめ

なまえ

1 とけいを よみましょう。

1つ10［50てん］

①

（　　　　　　　）

ながい はりが
12なら 「●じ」，
6なら 「●じはん」だよ。

みじかい はりの
かずは なにかな？

②

（　　　　　　　）

③

（　　　　　　　）

④

（　　　　　　　）

⑤

（　　　　　　　）

9 なんじ なんじはん まとめ

2 とけいを よみましょう。　1つ10［50てん］

①

（　　　　　　）

②

（　　　　　　）

③

（　　　　　　）

④

（　　　　　　）

⑤

（　　　　　　）

「なんじ」，「なんじはん」の
とけいが よめるように
なったかな。

こたえ 64ページ

がつ　にち　てん

チョコっと ひとやすみ

とけいの めいろ

とけいを ただしく よんで いる ほうを とおって，

スタートから ゴールまで すすみましょう。

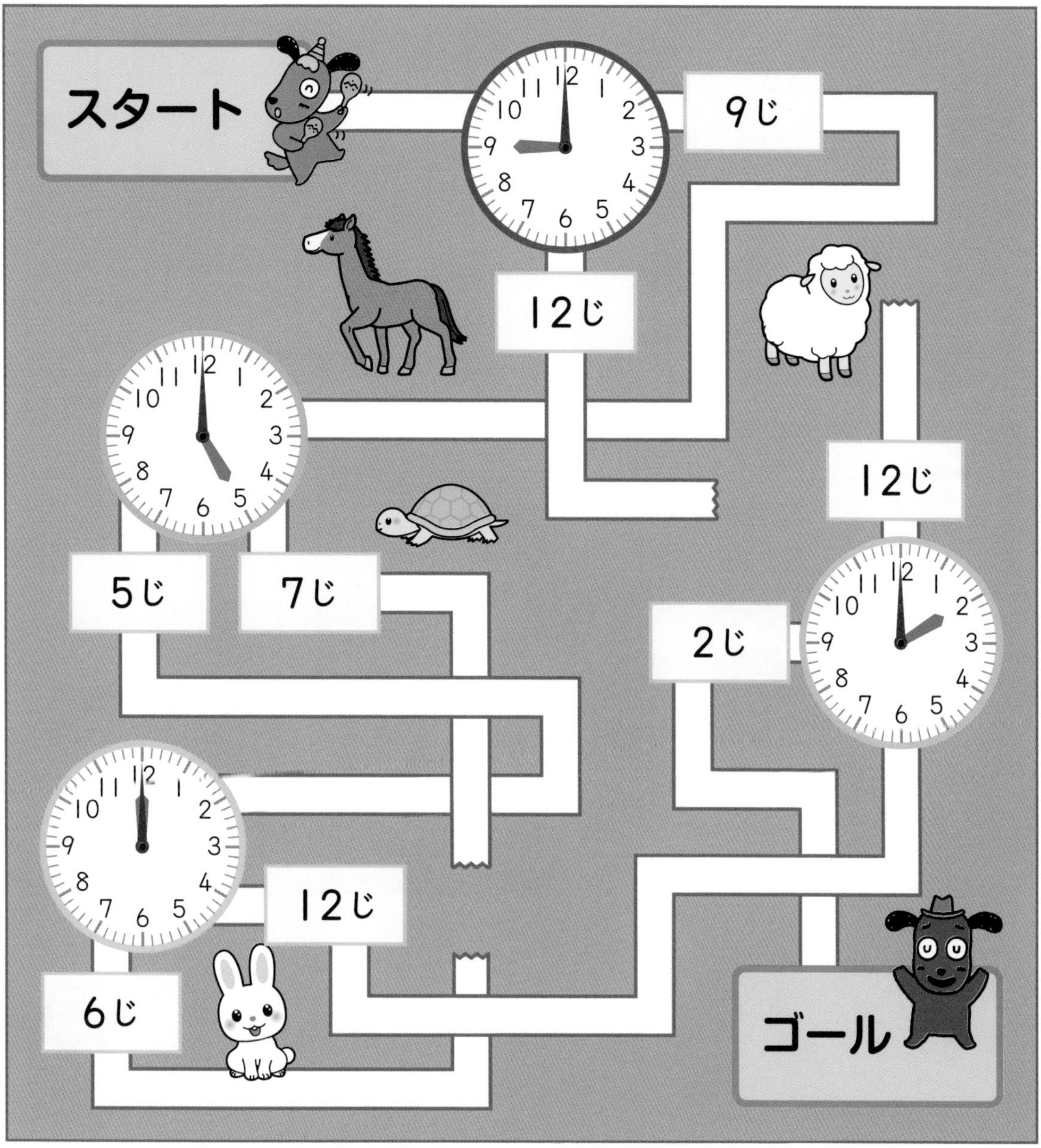

とけいを ただしく よんで いる ほうを とおって，
スタートから ゴールまで すすみましょう。

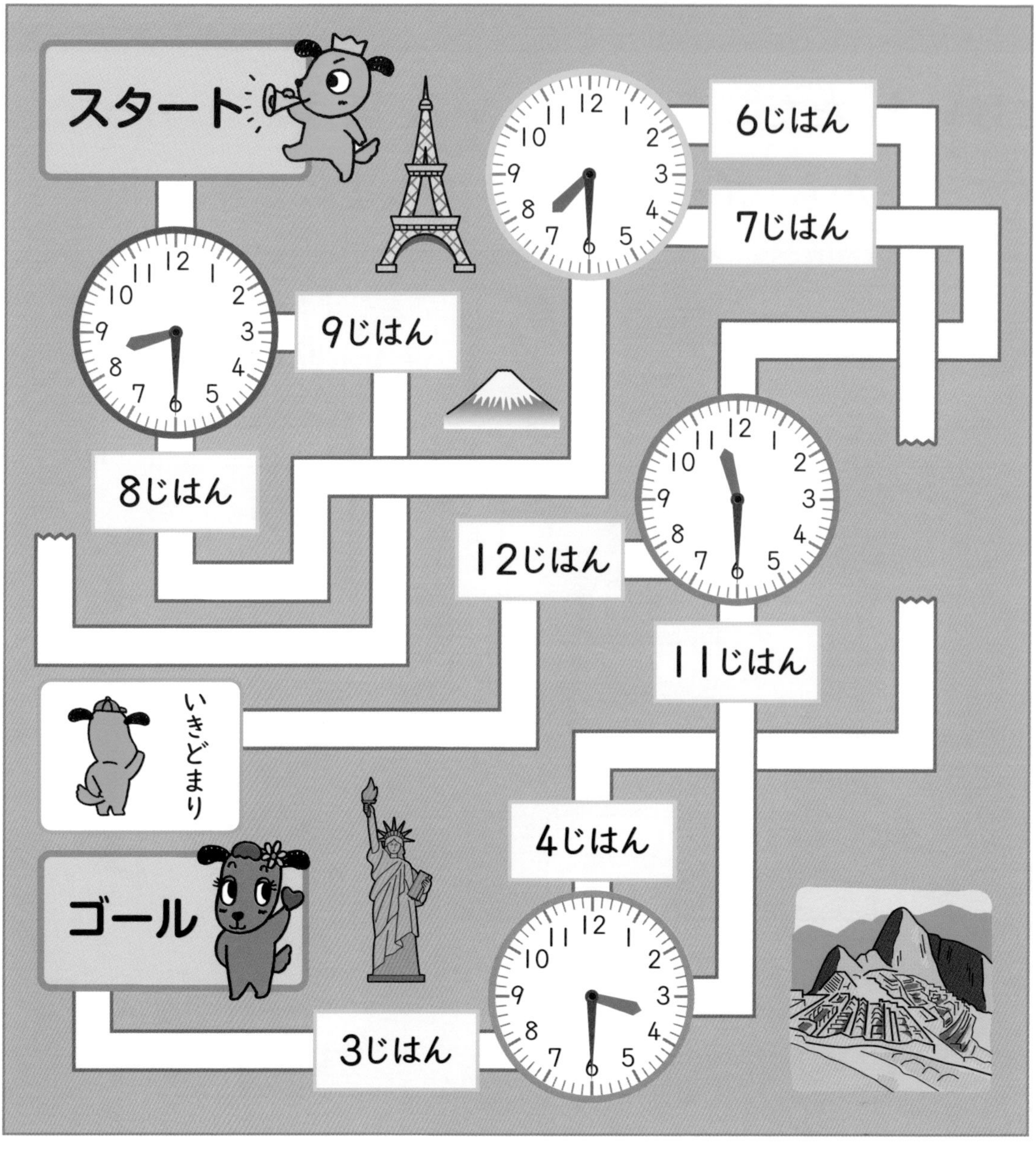

いきどまりに きたら，
もどって もういちど
かんがえてみよう。

10 おおきい かず

長針を読むのに必要な60までの数や，
その並び方の確認

なまえ

1 □に あう かずを かきましょう。 1つ5［50てん］

① 11 － 12 － 13 － 14 － 15

11から 1 おおきく なって いるよ。

12より 1 おおきい かずは……。

② 21 － □ － 23 － 24 － □

③ □ － 34 － 35 － □ － 37

④ 45 － □ － 47 － □ － 49

⑤ □ － 57 － □ － 59 － 60

10 おおきい かず

2 □に あう かずを かきましょう。　1つ5 [50てん]

① 10 − 20 − 30 − 40 − 50

10から 10
おおきく なって
いるよ。

20より 10
おおきい
かずは……。

② □ − 30 − 40 − □ − 60

③ 5 − 10 − 15 − 20 − 25

④ 25 − □ − 35 − 40 − □

⑤ □ − 50 − 55 − □

5ずつ
おおきく
なって
いるね。

こたえ 66ページ

がつ　にち　　てん

11 なんじなんぷん ①

10分単位の時刻の読み取り

なまえ

1 とけいを よみましょう。　1つ10［40てん］

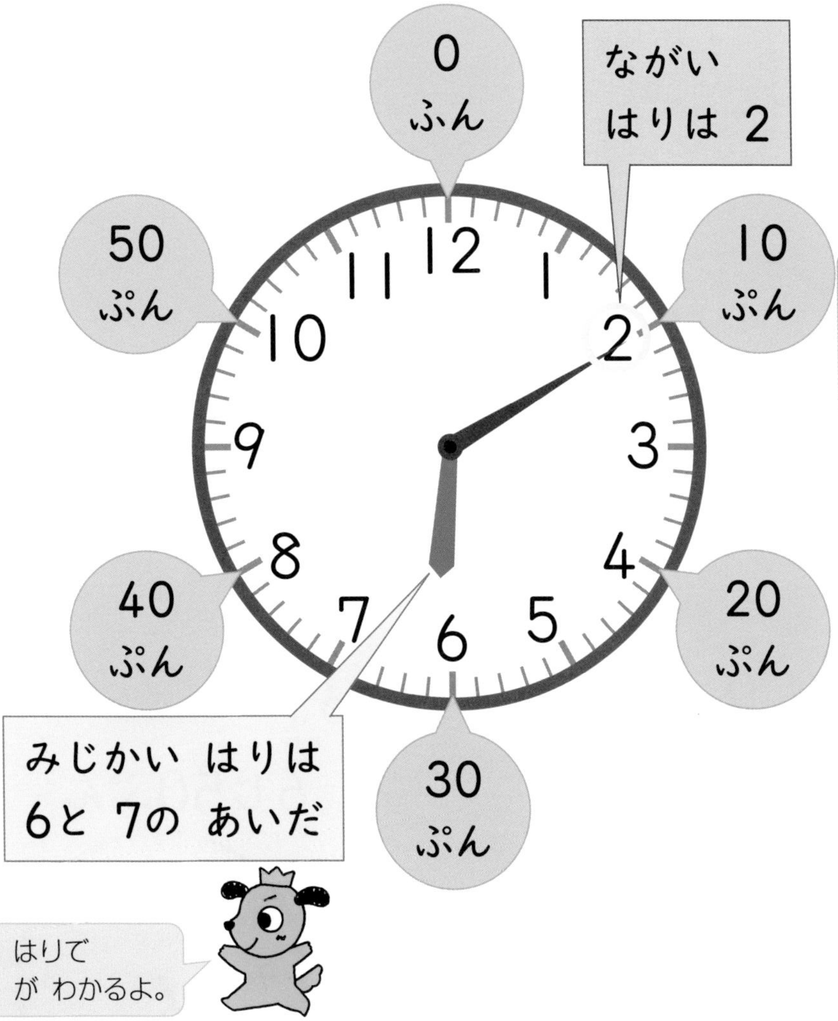

ながい はりで「なんぷん」が わかるよ。

みじかい はりで「なんじ」が わかるよ。

みじかい はりが（　　　）と（　　　）の

あいだ，ながい はりが（　　　）を さして

いるので，（　　じ　　ぷん　　）です。

11 なんじなんぷん ①

2 とけいを よみましょう。 1つ10 [40てん]

①

(じ ぷん)

②

(じ ぷん)

③

( )

2が 10ぷん,
4が 20ぷん,
6が 30ぷん,
8が 40ぷん,
10が 50ぷん
だね。

④

( )

3 ながい はりを かきましょう。 1つ10 [20てん]

① 3じ10ぷん

② 6じ50ぷん

こたえ 67ページ

がつ にち

てん

12 なんじなんぷん ②

5分単位の時刻の読み取り

なまえ

1 とけいを よみましょう。 1つ10［40てん］

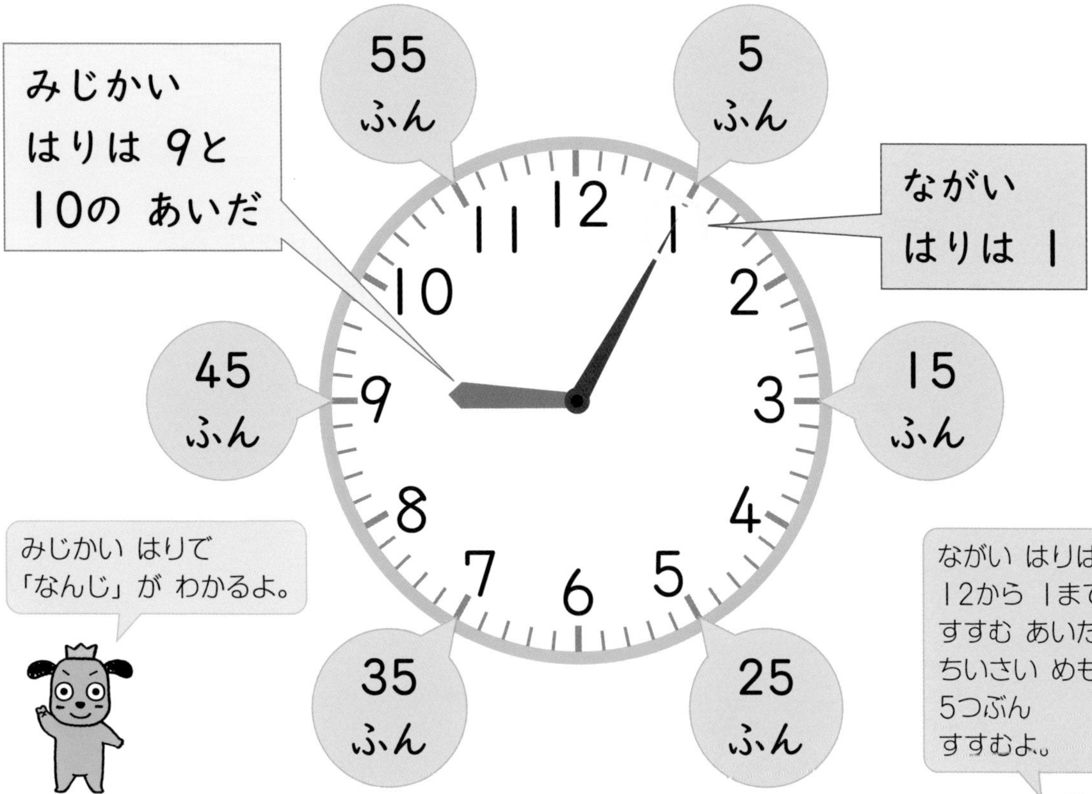

みじかい はりは 9と 10の あいだ
ながい はりは 1
55 ふん
5 ふん
45 ふん
15 ふん
35 ふん
25 ふん
12
1
2
3
4
5
6
7
8
9
10
11

みじかい はりで「なんじ」が わかるよ。

ながい はりは，12から 1まで すすむ あいだに ちいさい めもり 5つぶん すすむよ。

みじかい はりが（　　　　）と

（ 10 ）の あいだ，ながい はりが

（　　　　）を さして いるので，

（　　　じ　　　ふん　　　）です。

12 なんじなんぷん ②

2 とけいを よみましょう。　　1つ12［60てん］

①

12 1 2 3 4 5 6 7 8 9 10 11

（　　じ　　ふん　）

②

12 1 2 3 4 5 6 7 8 9 10 11

（　　じ　　ふん　）

③

12 1 2 3 4 5 6 7 8 9 10 11

（　　　　）

④

12 1 2 3 4 5 6 7 8 9 10 11

（　　　　）

⑤

12 1 2 3 4 5 6 7 8 9 10 11

（　　　　）

1が 5ふん,
3が 15ふん,
5が 25ふん,
7が 35ふん,
9が 45ふん,
11が 55ふん
だね。

こたえ 68ページ

がつ　にち　　てん

13 なんじなんぷん ③

1分単位の時刻の読み取り

なまえ

1 とけいを よみましょう。　1つ10［40てん］

みじかい はりは
10と 11の あいだ

1めもりは
1ぷん

みじかい はりで
「なんじ」が
わかるよ。

ながい はりで
「なんぷん」が
わかるよ。ちいさい
めもりを かぞえれば
いいね。

みじかい はりが 10と 11の あいだを
さして いるので（　　じ　　），
ながい はりが ちいさい めもりの（　1　）を
さして いるので（　　ぷん　　）。
だから，（　　じ　　ぷん　　）です。

13 なんじなんぷん ③

2 とけいを よみましょう。 1つ10［40てん］

①

（　　じ　　ふん　）

②

（　　じ　　ぷん　）

③

（　　　　）

④

（　　　　）

3 5じ3ぷんの とけいは どちらですか。 ［20てん］

ア

イ

（　　　）

こたえ 69ページ

がつ　にち　　てん

チョコっと ひとやすみ

★ポカポカ あったか～い★
マーブルわんちゃんの
ホットチョコレート

○ざいりょう○（2杯分《はいぶん》）
明治《めいじ》ミルクチョコレート … 1枚《まい》（50g《グラム》）
生《なま》クリーム … 30mL《ミリリットル》
牛乳《ぎゅうにゅう》 … 300mL《ミリリットル》
〈アレンジ用《よう》〉
市販《しはん》のホイップクリーム… 適量《てきりょう》
マシュマロ … 適量《てきりょう》
マーブルチョコレート … 適量《てきりょう》
オレンジ … 2分《ぶん》の1個《こ》

かならず おうちのひとと
いっしょに つくろうね。

マーブルチョコレートを
のせると
カラフルに なるよ！

○どうぐ○
手鍋《てなべ》2つ，ボウル（中《ちゅう》），ヘラ

○つくりかた○
① チョコレートを手《て》で細《こま》かく割《わ》って，手鍋《てなべ》に入《い》れます。
ボウルに約《やく》50～55℃《ど》のお湯《ゆ》を入《い》れて，湯《ゆ》せんに
かけてチョコレートをとかします。
② ①をヘラでかきまぜながら，生《なま》クリームを加《くわ》えて
チョコレートクリームを作《つく》ります。
＊「ホッチョコ・マシュマロ」を作《つく》るときは，
チョコレートクリームを小《こ》さじ1杯分《ぱいぶん》，飾《かざ》り用《よう》に
とっておきましょう。
③ もうひとつの手鍋《てなべ》で牛乳《ぎゅうにゅう》をかるく温《あたた》め，②の鍋《なべ》にヘラで
かきまぜながら少《すこ》しずつ加《くわ》えて，できあがり！

① ②

③

ポイント

なまクリームや ぎゅうにゅうは
チョコレートを ゆっくり
かきまぜながら すこしずつ
くわえよう！

【いろいろなホットチョコレート】

★ホッチョコ・マーブル（写真《しゃしん》・左《ひだり》）

ホットチョコレートをカップについだら
ホイップクリームをのせて，
好《す》きな色《いろ》のマーブルチョコレートで
飾《かざ》ろう。

ポイント

つくって いる とちゅうで
ぬるくなったら
てなべを よわびで あたためてね。

★ホッチョコ・マシュマロ
（写真《しゃしん》・中央《ちゅうおう》）

ホットチョコレートの上《うえ》に市販《しはん》のマシュマロをのせ，
②で飾《かざ》り用《よう》に残《のこ》していたチョコレートクリームで
デコレーションしよう。

きょうは どれに
しようかな。

★ホッチョコ・オレンジ（写真《しゃしん》・右《みぎ》）

オレンジをしぼり，果汁《かじゅう》を
③の手鍋《てなべ》に加《くわ》えます。残《のこ》ったオレンジは
皮《かわ》がきれいな部分《ぶぶん》を軽《かる》くゆでて，
適当《てきとう》な大《おお》きさにきざんで飾《かざ》ってね。

ポイント

ひを つかう ときは
かならず おとなの ひとと
いっしょに とりくもう。
けがや やけどに ちゅういしてね。

○どうぐを しろう○

てなべ

ざいりょうを ひに かけて あたためたり につめたり
いろいろな ソースを つくる ときにも つかいます。
おかしづくりに つかうなら，ちいさくて
そそぎぐちが ついている
てなべが つかいやすいです。

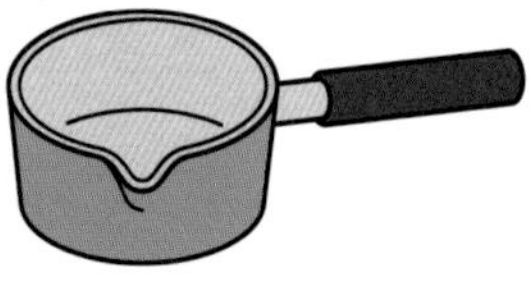

14 なんじなんぷん ④

10分＋1～4分の時刻の読み取り

なまえ

1 とけいを よみましょう。

1つ10［30てん］

ア

アの とけいは
ながい はりが
2を さして いるね。

イ

10
ぷん

イの とけいは
ながい はりが
2の
ところから
1めもり
すすんで
いるよ。

みじかい はりは
7と 8の あいだ

アの とけいは,（　　じ　　ぷん　）

です。

イの とけいは, ながい はりが 7じ10ぷんから

（　1　）めもり すすんで いるので,

（　　じ　　ぷん　）です。

14 なんじなんぷん ④

2 とけいを よみましょう。　1つ10［30てん］

5じ10ぷん

①

（　　じ　　ふん　）

②

（　　　　　）

5じ10ぷんから
なんめもり
すすんで
いるかな？

③

（　　　　　）

3 ながい はりを かきましょう。　1つ20［40てん］

① 9じ11ぷん

めもりを よく
かぞえよう。

② 6じ14ぷん

こたえ 70ページ

がつ　にち

てん

15 なんじなんぷん ⑤

20分・30分＋１～4分の時刻の読み取り

なまえ

1 とけいを よみましょう。

1つ10［40てん］

①

ながい はりが
4を さす ときは
20ぷんだよ。

②

（　　じ　　ぷん）（　　じ　　ふん）

③

④

（　　　　）（　　　　）

2 はやく おきました。とけいを よみましょう。

［10てん］

（　　　　）

15 なんじなんぷん ⑤

3 とけいを よみましょう。 1つ10［40てん］

①

（　　じ　　ぷん　）

②

（　　じ　　ふん　）

③

（　　　　　　　）

④

（　　　　　　　）

4 ただしいのは どちらですか。［10てん］

ア　9じ5ふん

イ　9じ24ぷん

（　　　）

こたえ 71ページ

がつ　　にち　　てん

16 なんじなんぷん ⑥

40分・50分＋1～4分の時刻の読み取り

なまえ

1 とけいを よみましょう。

1つ10［40てん］

①

ながい はりが
8を さす ときは
40ぷんだね。

②

（　じ　ぷん　）（　じ　ふん　）

③

④

（　　）（　　）

2 おやつに マーブルチョコレートを たべます。とけいを よみましょう。

［10てん］

（　　）

16 なんじなんぷん ⑥

3 とけいを よみましょう。 1つ10［40てん］

①

②

（　　じ　　ぷん　）（　　じ　　ふん　）

③

④

（　　　　　）（　　　　　）

4 8じ41ぷんの とけいは どちらですか。 ［10てん］

ア

イ

（　　　　）

こたえ 72ページ

がつ　にち　　てん

チョコっと まめちしき

たべものの
はたらき

たべものは からだの なかで いろいろな はたらきを して います。いつも たべて いる たべものに どんな はたらきが あるのか みてみましょう。

○たんぱくしつ○ からだを つくる

にくや さかななどに おおく ふくまれる たんぱくしつは，からだを つくる ために ひつようです。きんにくや かみのけ，つめなどの もとに なります。

たんぱくしつが
おおく ふくまれる
たべもの

にく　さかな　たまご　なっとう　チーズ

○たんすいかぶつ○ ちからの もとに なる

からだを うごかしたり あたまを つかったり するには，ちからが ひつようです。ごはんや パンは ちからの もとに なります。

たんすいかぶつが
おおく ふくまれる
たべもの

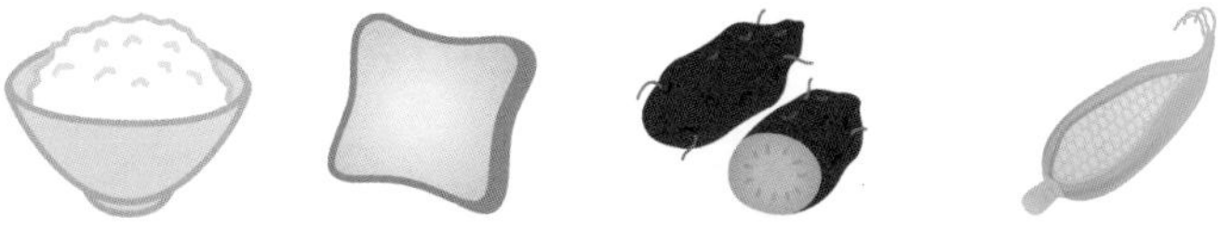

ごはん　パン　さつまいも　とうもろこし

○カルシウム○　ほねや はを つくる

じょうぶな ほねや はを つくる ためには，
ぎゅうにゅうや チーズなど カルシウムが
ふくまれる たべものを とりましょう。
カルシウムの はたらきを たすける ためには，
たいようの ひかりに あたる ことも
たいせつです。

カルシウムが
おおく ふくまれる
たべもの

ぎゅうにゅう

チーズ

こざかな

ヨーグルト

○ビタミンA《エー》や カロテン○　めを けんこうに たもつ

にんじんや ほうれんそう，かぼちゃなどに
ふくまれる ビタミンA《エー》や カロテンには めを
けんこうに たもつ はたらきが あります。
ほかにも，ひふなどを じょうぶに する
はたらきも あります。

ビタミンA《エー》や
カロテンが
おおく ふくまれる
たべもの

にんじん

ほうれんそう

かぼちゃ

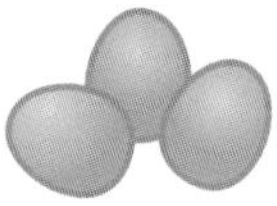
たまご

いろいろな たべものを
たべて，げんきに
すごそう。

17 なんじなんぷん ⑦

5分・15分＋1～4分の時刻の読み取り

なまえ

1 とけいを よみましょう。

1つ10［40てん］

①

1めもり
すすむと……。

ながい はりの
1めもりは
1ぷんだったね。

（　　じ　　ふん　）（　　じ　　ぷん　）

②

1めもり
すすむと……。

（　　じ　　ふん　）（　　じ　　ぷん　）

17 なんじなんぷん ⑦

2 とけいを よみましょう。　1つ10〔60てん〕

①

（　　じ　　ふん　）

②

ながい はりが
1の ときは
5ふんだから……。

（　　じ　　ふん　）

③

（　　　　）

④

（　　　　）

⑤

ながい はりが
3の ときは
なんぷんかな。

（　　　　）

⑥

（　　　　）

こたえ 73ページ

がつ　にち　　てん

18 なんじなんぷん ⑧

25分・35分＋1～4分の時刻の読み取り

なまえ

1　とけいを　よみましょう。　1つ10［40てん］

①

②

（　　じ　　ぷん　）（　　じ　　ふん　）

③

④

（　　　　　）（　　　　　）

2　ながい　はりを　かきましょう。　1つ5［10てん］

①　8じ26ぷん

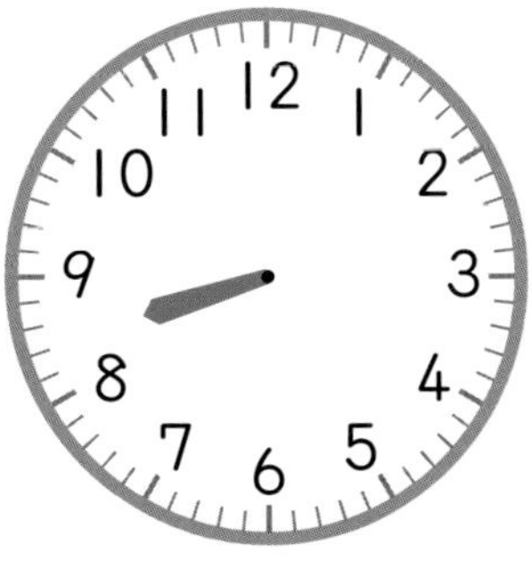

②　5じ39ふん

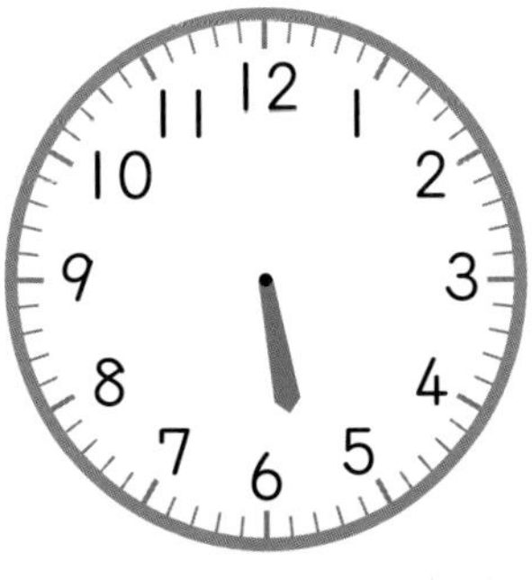

18 なんじなんぷん ⑧

3 とけいを よみましょう。 1つ10［40てん］

①

ながい はりが
7の ときは……。

②

（　　じ　　ぷん　）（　　じ　　ふん　）

③

④

（　　　　　）（　　　　　）

4 ただしいのは どちらですか。［10てん］

ア　10じ23ぷん

イ　10じ28ふん

（　　　）

こたえ 74ページ

がつ　にち　てん

19 なんじなんぷん ⑨

45分・55分＋1～4分の時刻の読み取り

なまえ

1 とけいを よみましょう。　1つ10［40てん］

①

ながい はりが
9の ときは
45ふんだよ。

②

（　　じ　　　ぷん　）（　　じ　　　ふん　）

③

9から なんめもり
すすんで いるかな。

④

（　　　　　　　　）（　　　　　　　　）

2 ねるまえに はみがきを します。
とけいを よみましょう。　［10てん］

（　　　　　　　　）

19 なんじなんぷん ⑨

3 とけいを よみましょう。

1つ10［40てん］

①

②

ながい はりが
11の ときは
なんぷんかな。

（　　じ　　ぷん　）（　　じ　　ふん　）

③

④

（　　　　　　）（　　　　　　）

4 1じ59ふんの とけいは どちらですか。

［10てん］

ア

イ

（　　　　）

こたえ 75ページ

がつ　にち

てん

20 なんじなんぷん まとめ

何時何分のまとめ

なまえ

1 とけいを よみましょう。

1つ10［50てん］

みじかい はりで 「なんじ」,
ながい はりで 「なんぷん」を
よもう。

①

（　　　　　　　　）

②

（　　　　　　　　）

③

（　　　　　　　　）

④

（　　　　　　　　）

⑤

（　　　　　　　　）

20 なんじなんぷん まとめ

2 とけいを よみましょう。　　1つ10［50てん］

①

(　　　　　　　　)

②

(　　　　　　　　)

③

(　　　　　　　　)

④

(　　　　　　　　)

⑤

(　　　　　　　　)

とけいの よみかたが
わかったかな。

こたえ 76ページ

がつ　　にち　　てん

21 とけいの よみかた

デジタル式の時計の読み方

なまえ

1 すうじを よみましょう。 1つ5［50てん］

① 0 （　　　）

② 1 （　　　）

③ 2 （　　　）

④ 3 （　　　）

⑤ 4 （　　　）

⑥ 5 （　　　）

⑦ 6 （　　　）

⑧ 7 （　　　）

⑨ 8 （　　　）

⑩ 9 （　　　）

21 とけいの よみかた

2 とけいを よみましょう。　1つ10 [50てん]

①

(　　　　　)

②

(　　　　　)

③

(　　　　　)

④

(　　　　　)

⑤

(　　　　　)

こたえ 77ページ

がつ　にち　てん

22 ｜ねんせいの　まとめ

｜年生の時計のまとめ

なまえ

1 とけいを　よみましょう。　1つ10［30てん］

①

とけいを
よめると
べんりだね。

（　　　　　　　　　）

②

③

（　　　　　　　　　）（　　　　　　　　　）

2 7じ58ふんの　とけいは　どちらですか。　［20てん］

ア

イ

（　　　　　）

22 ねんせいの まとめ

3 とけいを よみましょう。

1つ10［30てん］

①

（　　　　　　　　）

②

（　　　　　　　　）

③

（　　　　　　　　）

いよいよ さいごの ページだよ。
よく がんばったね！

4 ながい はりを かきましょう。

1つ10［20てん］

① 2じ45ふん

② 10じ8ふん

こたえ 78ページ

がつ　にち　てん

おかしなドリル

小学1年　とけい

こたえと　てびき

こたえあわせを　しよう！
まちがえた　もんだいは
どうして　まちがえたか　かんがえて
もういちど　といてみよう。
もんだいと　おなじように
きりとって　つかえるよ。

1 いろいろな とけい

時計の数の並び・針の動き方の確認

なまえ

1 とけいが 4つ あります。とけいを みつけて ○で かこみましょう。

1つ10［40てん］

いろいろな とけいが あるね。
いえの なかでも とけいを さがして みよう。

1 いろいろな とけい

2 （　　）に あう すうじや ことばを かきましょう。

1つ15［60てん］

★針の回る向きは時刻を読み取るのに必要な知識なので，ここで確認しましょう。

ながい はり
みじかい はり
はりは この むきに すすみます。

この とけいには（　1　）から（　12　）までの すうじが かいて あります。

ながい はりと みじかい はりが あり，どちらも（　みぎ　）まわりに すすみます。

はやく うごくのは（　ながい　）はりです。

こたえ 56ページ

がつ　にち　てん

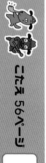

2 12までの かず

短針を読むのに必要な12までの数やその並び方の確認

なまえ

1 おかしの かずを かぞえて すうじを かきましょう。　1つ10［70てん］

①  1

② 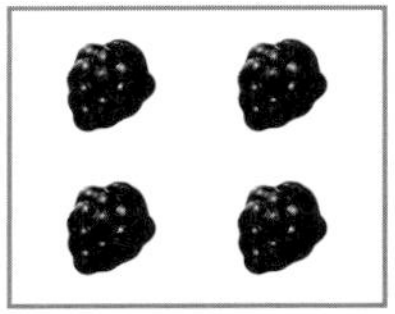 4

③ 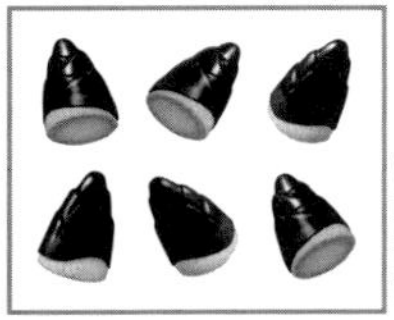 6

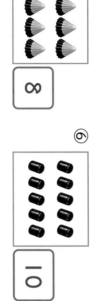

④ 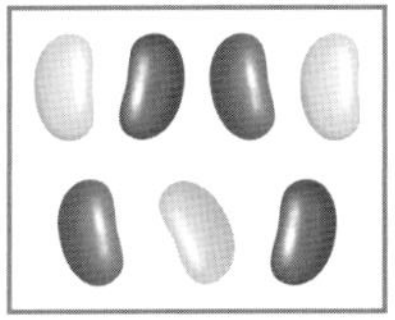 7

⑤ 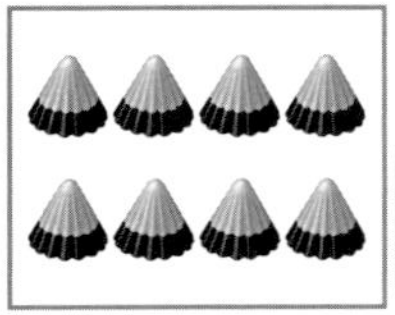 8

⑥ 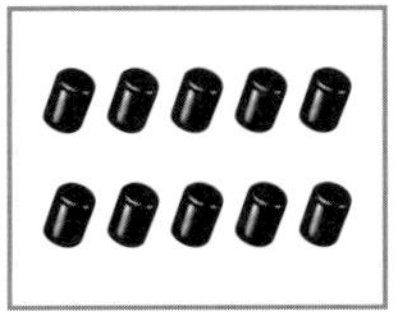 10

⑦ 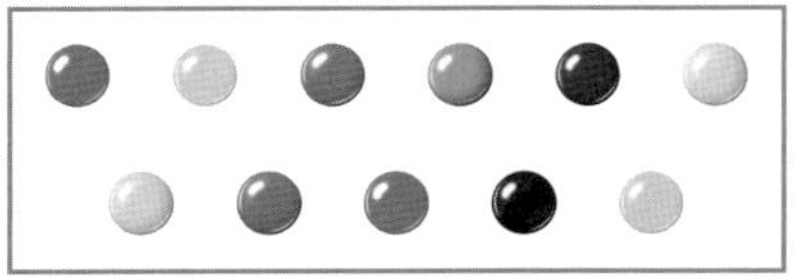 11

2 12までの かず

2 □に あう かずを かきましょう。　1つ5［20てん］

① 1 − 2 − 3 − 4 − 5 − 6

② 7 − 8 − 9 − 10 − 11 − 12

1ずつ おおきく なって いるね。

3 →《やじるし》の むきに かぞえて，○に あう かずを かきましょう。　1つ5［10てん］

★2のような直線の数の線は見慣れていても，時計のように円状に数が並んでいるものは考えにくいかもしれません。指でさしながら数えてみましょう。

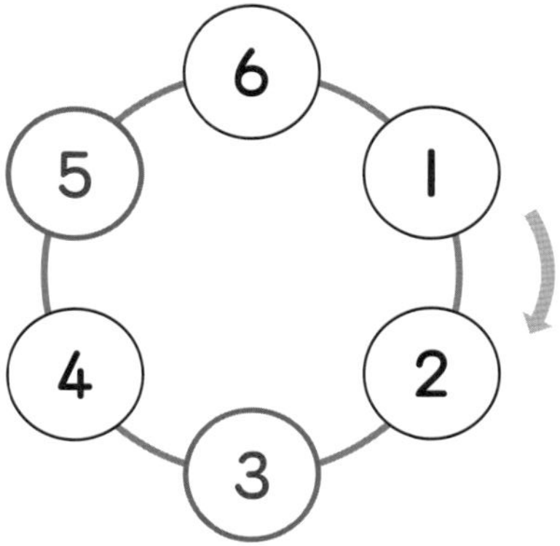

2より 1 おおきい かずは……。

こたえ 57ページ

がつ　にち

てん

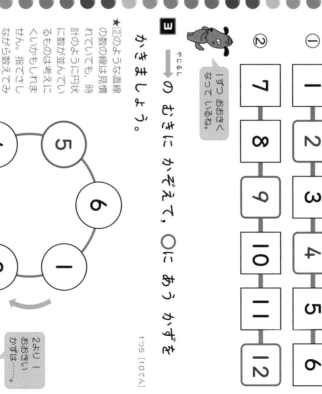

3 なんじ ①

1時から5時までの時刻

なまえ

1 とけいを よみましょう。 1つ10 [30てん]

ながい はりは 12を さして いるね。

みじかい はりは 1を さして いるね。

ながい はりが 12の ときは 「●じ」だよ。

ながい はりが 12を さして いる ときは，みじかい はりが さして いる かずを みて，「●じ」と よみます。

この とけいは，ながい はりが（ 12 ），みじかい はりが（ 1 ）を さして いるので，（ 1じ ）です。

3 なんじ ①

2 とけいを よみましょう。 1つ10 [40てん]

①

（ 2じ ）

②

（ 3じ ）

③

（ 4じ ）

④

（ 5じ ）

3 ながい はりを かきましょう。 1つ15 [30てん]

① 1じ

★「●時」のときは，長針はいつでも12をさすことを確認しましょう。

② 4じ

こたえ 58ページ

がつ にち

てん

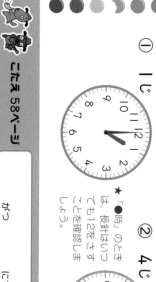

4 なんじ ②

6時から12時までの時刻

なまえ

1 とけいを よみましょう。 1つ10［30てん］

①

（ 6 じ ）

②

（ 7じ ）

③

（ 8じ ）

2 10じと 12じの どちらですか。

［10てん］

★「何時」は長針ではなく，短針がさしている数字を読むことに注意してください。

（ 10じ ）

4 なんじ ②

3 とけいを よみましょう。 1つ10［40てん］

①

（ 9じ ）

②

（ 10じ ）

③

（ 11じ ）

④

（ 12じ ）

4 みじかい はりを かきましょう。 1つ10［20てん］

① 7じ

★「何時」を表す，短針の方をかきます。

② 9じ

こたえ 59ページ

がつ にち てん

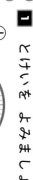

5 なんじ まとめ

1時から12時までの時刻

なまえ

1 とけいを よみましょう。 1つ10［50てん］

ながい はりが 12だから、「●じ」だね。

「●じ」の 「●」は みじかい はりが さして いる かずだよ。

①

（ 2 じ ）

②

（ 7じ ）

③

（ 3じ ）

④

（ 8じ ）

⑤

（ 12じ ）

5 なんじ まとめ

2 ただしい ほうに ○を つけましょう。 1つ15［30てん］

★「何時」を表す短針が12ではなく6をさしていることを確認します。

①

（ 6じ ・ 12じ ）

みじかい はりの さきは 3かな？ それとも 9かな？

②

（ 3じ ・ 9じ ）

3 ながい はりを かきましょう。 1つ10［20てん］

① 5じ

② 11じ

こたえ 60ページ

がつ にち

てん

6 なんじはん ①

1時半から5時半までの時刻

なまえ

1 とけいを よみましょう。 1つ10 [40てん]

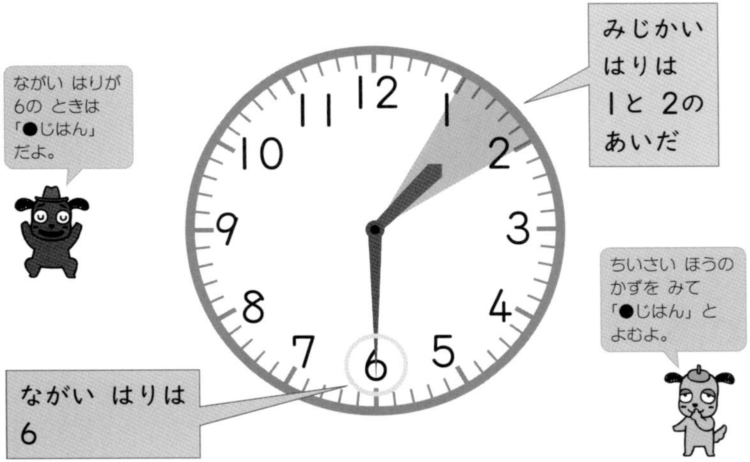

ながい はりが
6の ときは
「●じはん」
だよ。
みじかい
はりは
1と 2の
あいだ
ながい はりは
6
ちいさい ほうの
かずを みて
「●じはん」と
よむよ。

ながい はりが 6を さして いる ときは，
「●じはん」と よみます。

この とけいは，ながい はりが（ 6 ），
みじかい はりが（ 1 ）と（ 2 ）の
あいだを さして いるので，（ 1 じはん ）
です。

6 なんじはん ①

2 とけいを よみましょう。 1つ10 [40てん]

① 

（ 2 じはん ）

② 

（ 3じはん ）

③ 

（ 4じはん ）

1まわりの
はんぶんだから，
「はん」なんだね。

④ 

（ 5じはん ）

3 ながい はりを かきましょう。 1つ10 [20てん]

① 1じはん

② 3じはん

★長針の先が6をさすようにかきます。

こたえ 61ページ

がつ にち

てん

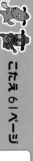

7 なんじはん ②

6時半から11時半までの時刻

なまえ

1 とけいを よみましょう。　1つ10［30てん］

ながい はりは 6だから、「●じはん」と こたえるよ。

みじかい はりが 6と 7の あいだだね。ちいさい ほうの かずを よむんだよ。

①

（ 6 じはん ）

②

（ 7じはん ）

③

（ 8じはん ）

2 10じはんの とけいは どちらですか。　［20てん］

あ

い

（ い ）

★間違えやすい問題です。小さい方の数を読むことを伝えましょう。針の回る向きも意識しましょう。

7 なんじはん ②

3 とけいを よみましょう。　1つ10［30てん］

①

（ 9じはん ）

②

（ 10じはん ）

③

（ 11じはん ）

「なんじはん」の とけいの よみかたが わかったかな。

★「何時半」は短針の読み取り方でつまずきやすい問題です。くり返し練習しましょう。

4 おんがくかいが はじまります。
とけいを よみましょう。　［20てん］

（ 8じはん ）

こたえ 62ページ

がつ　にち　てん

8 なんじはん まとめ

1時半から11時半までの時刻

なまえ

1 とけいを よみましょう。　1つ10〔50てん〕

ながい はりが 6の ときは……。

みじかい はりが 4と 5の あいだだから，まだ 5じには なって いないね。

①

（ 4 じはん ）

②

（ 2じはん ）

③

（ 11じはん ）

④

（ 7じはん ）

⑤

（ 5じはん ）

2 とけいを よみましょう。　1つ10〔50てん〕

①

（ 3じはん ）

②

（ 1じはん ）

③

（ 9じはん ）

④

（ 6じはん ）

⑤

（ 10じはん ）

みじかい はりは ちいさい ほうの かずを よむよ。

★短針の読み方に注意します。1と2の間は1時，2と3の間は2時，…であることをおさえましょう。

こたえ 63ページ　がつ　にち　てん

9 なんじ なんじはん まとめ

何時と何時半のまとめ

なまえ

1 とけいを よみましょう。 1つ10［50てん］

ながい はりが
12なら 「●じ」,
6なら 「●じはん」だよ。

みじかい はりの
かずは なにかな？

①

（ 4じ ）

②

（ 10じはん ）

③

（ 9じ ）

④

（ 5じ ）

⑤

（ 7じはん ）

9 なんじ なんじはん まとめ

2 とけいを よみましょう。 1つ10［50てん］

①

（ 8じはん ）

②

（ 6じ ）

③

（ 10じ ）

④

（ 2じはん ）

⑤

（ 3じはん ）

「なんじ」,「なんじはん」の
とけいが よめるように
なったかな。

★身近なアナログ時計を見て,「今何時？」と聞いたり,「●時半になったらおやつにしようね」と話したりして，時計を読む練習をしましょう。

こたえ 64ページ

がつ　にち

てん

チョコっと ひとやすみ　とけいの めいろ

とけいを ただしく よんで いる ほうを とおって，
スタートから ゴールまで すすみましょう。

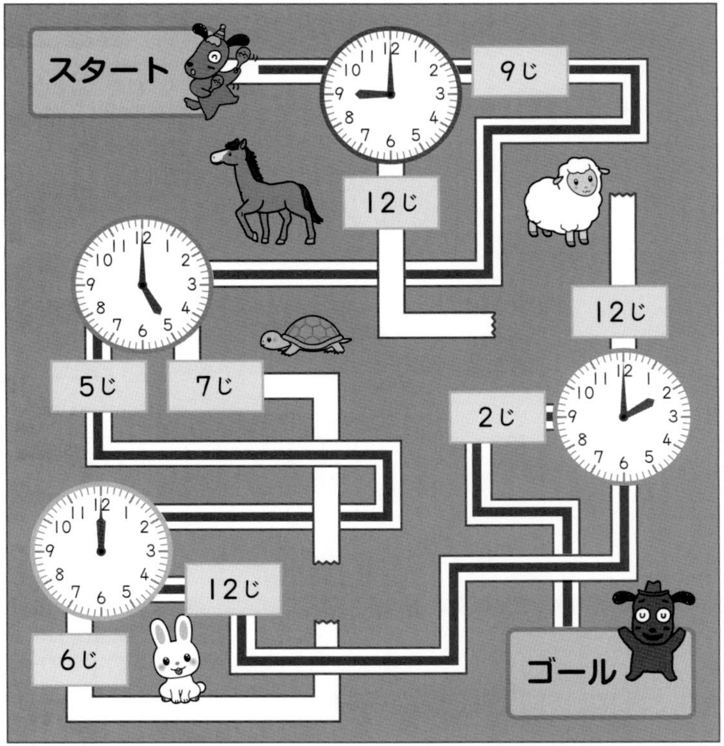
スタート
9じ
12じ
12じ
2じ
5じ
7じ
12じ
6じ
ゴール

とけいを ただしく よんで いる ほうを とおって，
スタートから ゴールまで すすみましょう。

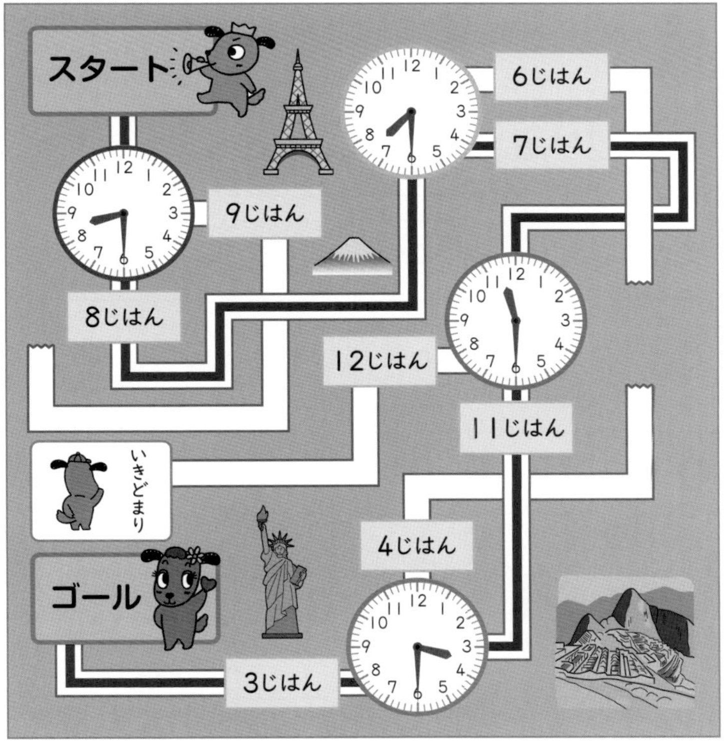
スタート
6じはん
7じはん
9じはん
8じはん
12じはん
11じはん
いきどまり
4じはん
ゴール
3じはん

いきどまりに きたら，
もどって もういちど
かんがえてみよう。

10 おおきい かず

長針を読むのに必要な60までの数や，
その並び方の確認

なまえ

1 □に あう かずを かきましょう。　1つ5［50てん］

① 11 — 12 — 13 — 14 — 15

11から 1 おおきく なって いるよ。

12より 1 おおきい かずは……。

② 21 — 22 — 23 — 24 — 25

③ 33 — 34 — 35 — 36 — 37

④ 45 — 46 — 47 — 48 — 49

⑤ 56 — 57 — 58 — 59 — 60

10 おおきい かず

2 □に あう かずを かきましょう。　1つ5［50てん］

① 10 — 20 — 30 — 40 — 50

10から 10 おおきく なって いるよ。

20より 10 おおきい かずは……。

② 20 — 30 — 40 — 50 — 60

③ 5 — 10 — 15 — 20 — 25

④ 25 — 30 — 35 — 40 — 45

⑤ 45 — 50 — 55 — 60

5ずつ おおきく なって いるね。

★10とびや5とびで数を言えるようになると，「何時何分」の時刻を読み取りやすくなります。

こたえ 66ページ

がつ　にち　てん

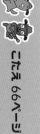

11 なんじなんぷん ①

10分単位の時刻の読み取り

なまえ

1 とけいを よみましょう。 1つ10［40てん］

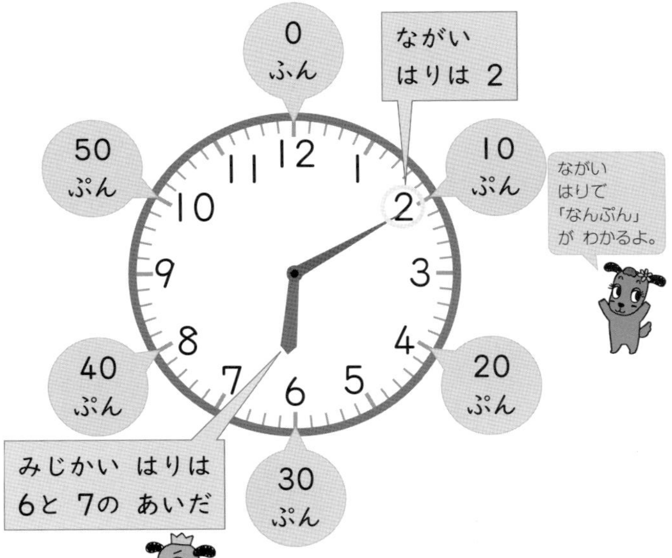
0 ふん
ながい はりは 2
50 ぷん
10 ぷん
40 ぷん
20 ぷん
30 ぷん
みじかい はりは 6と 7の あいだ
ながい はりで 「なんぷん」が わかるよ。

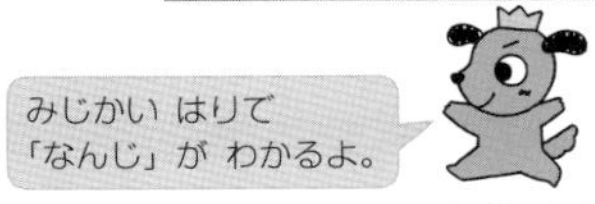
みじかい はりで 「なんじ」が わかるよ。

★2が10分，4が20分，……という対応は難しいものです。何度もくり返して身につけましょう。

みじかい はりが（ 6 ）と（ 7 ）の あいだ，ながい はりが（ 2 ）を さして いるので，（ 6 じ 10 ぷん ）です。

11 なんじなんぷん ①

2 とけいを よみましょう。 1つ10［40てん］

① 

（ 2 じ 20 ぷん ）

② 

（ 2 じ 30 ぷん ）

③ 

（ 2じ40ぷん ）

④ 

（ 2じ50ぷん ）

2が 10ぷん，
4が 20ぷん，
6が 30ぷん，
8が 40ぷん，
10が 50ぷん
だね。

3 ながい はりを かきましょう。 1つ10［20てん］

① 3じ10ぷん

② 6じ50ぷん

こたえ 67ページ

がつ　にち　てん

12 なんじなんぷん ②

5分単位の時刻の読み取り

なまえ

1 とけいを よみましょう。

1つ10［40てん］

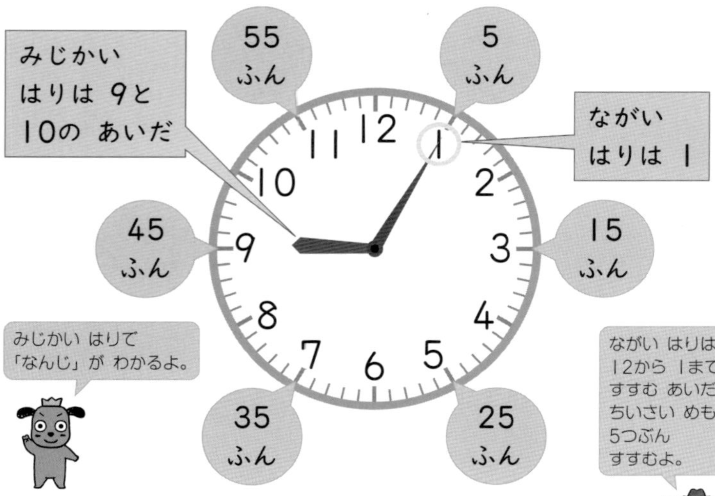

みじかい はりで「なんじ」が わかるよ。

ながい はりは，12から 1まで すすむ あいだに ちいさい めもり 5つぶん すすむよ。

みじかい はりが（　9　）と（　10　）の あいだ，ながい はりが（　1　）を さして いるので，（　9 じ 5 ふん　）です。

12 なんじなんぷん ②

2 とけいを よみましょう。

1つ12［60てん］

①

（　1 じ 15 ふん　）

②

（　1 じ 25 ふん　）

③

（　1じ35ふん　）

④

（　1じ45ふん　）

⑤

（　1じ55ふん　）

★時計の11を指さして，「11は何分かな？」などと聞いてみるとよいですね。

1が 5ふん，3が 15ふん，5が 25ふん，7が 35ふん，9が 45ふん，11が 55ふん だね。

こたえ 68ページ

がつ　にち　てん

13 なんじなんぷん ③

1分単位の時刻の読み取り

なまえ

1 とけいを よみましょう。　1つ10［40てん］

みじかい はりは
10と 11の あいだ

1めもりは
1ぷん

みじかい はりで
「なんじ」が
わかるよ。

ながい はりで
「なんぷん」が
わかるよ。ちいさい
めもりを かぞえれば
いいね。

★長針の1目もりが1分であることを，まず確認しましょう。ここでは●時1分から5分までを扱います。

みじかい はりが 10と 11の あいだを
さして いるので（　10 じ　），
ながい はりが ちいさい めもりの（　1　）を
さして いるので（　1 ぷん　）。
だから，（　10 じ 1 ぷん　）です。

13 なんじなんぷん ③

2 とけいを よみましょう。　1つ10［40てん］

①

（　8 じ 2 ふん　）

②

（　8 じ 3 ぷん　）

③

（　8じ4ぷん　）

④

（　8じ5ふん　）

3 5じ3ぷんの とけいは どちらですか。　［20てん］

★「何分」は小さい目もりを読みます。

ア

イ

（　ア　）

こたえ 69ページ　がつ　にち　てん

14 なんじなんぷん ④

10分＋1～4分の時刻の読み取り

なまえ

1 とけいを よみましょう。 1つ10［30てん］

ア

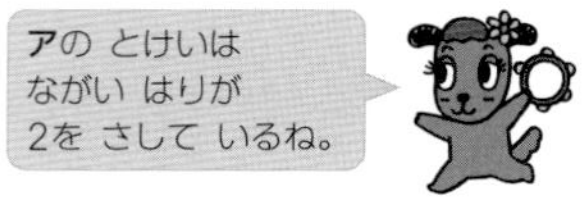
アの とけいは
ながい はりが
2を さして いるね。

イ

10
ぷん

★10分の目もりから何目もり進んだか読み取って，時刻を答えます。

みじかい はりは
7と 8の あいだ

イの とけいは
ながい はりが
2の
ところから
1めもり
すすんで
いるよ。

アの とけいは，（ 7 じ 10 ぷん ）です。

イの とけいは，ながい はりが 7じ10ぷんから（ 1 ）めもり すすんで いるので，（ 7 じ 11 ぷん ）です。

14 なんじなんぷん ④

2 とけいを よみましょう。 1つ10［30てん］

5じ10ぷん

①

（ 5 じ 12 ふん ）

②

（ 5じ13ぷん ）

5じ10ぷんから
なんめもり
すすんで
いるかな？

③

（ 5じ14ぷん ）

3 ながい はりを かきましょう。 1つ20［40てん］

① 9じ11ぷん

めもりを よく
かぞえよう。

② 6じ14ぷん

こたえ 70ページ

がつ にち

てん

15 なんじなんぷん ⑤

20分・30分＋1～4分の時刻の読み取り

なまえ

1 とけいを よみましょう。 1つ10［40てん］

①

②

ながい はりが
4を さす ときは
20ぷんだよ。

（ 11 じ 21 ぷん ）（ 11 じ 22 ふん ）

③

④

（ 11じ23ぷん ）（ 11じ24ぷん ）

2 はやく おきました。とけいを よみましょう。 ［10てん］

★30分のところから2目もり進んでいます。数え間違いに気をつけましょう。

（ 6じ32ふん ）

15 なんじなんぷん ⑤

3 とけいを よみましょう。 1つ10［40てん］

①

②

（ 3 じ 31 ぷん ）（ 3 じ 32 ふん ）

③

④

（ 3じ33ぷん ）（ 3じ34ぷん ）

4 ただしいのは どちらですか。［10てん］

ア 9じ5ふん

イ 9じ24ぷん

ちいさい めもりを
よく みよう。

（ イ ）

こたえ 71ページ

がつ にち

てん

16 なんじなんぷん ⑥

40分・50分＋1～4分の時刻の読み取り

なまえ

1 とけいを よみましょう。　1つ10［40てん］

① 

② 

（ 4 じ 41 ぷん ）（ 4 じ 42 ふん ）

③ 

④ 

（ 4じ43ぷん ）（ 4じ44ぷん ）

2 おやつに マーブルチョコレートを たべます。とけいを よみましょう。　［10てん］

（ 3じ53ぷん ）

16 なんじなんぷん ⑥

3 とけいを よみましょう。　1つ10［40てん］

① 

② 

（ 6 じ 51 ぷん ）（ 6 じ 52 ふん ）

③ 

④ 

（ 6じ53ぷん ）（ 6じ54ぷん ）

4 8じ41ぷんの とけいは どちらですか。　［10てん］

ア 

イ 

★短針と長針が近いところにあり，間違えやすい問題です。
短針が9に近くても，8と9の間にあるときは「8時●分」です。

（ ア ）

こたえ 72ページ　がつ　にち　てん

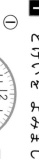

17 なんじなんぷん ⑦

5分・15分＋1〜4分の時刻の読み取り

なまえ

1 とけいを　よみましょう。　1つ10［40てん］

①

1めもり
すすむと……。
ながい はりの
1めもりは
1ぷんだったね。
5 6 7 8 9 10

（ 9 じ 5 ふん ）（ 9 じ 6 ぷん ）

②

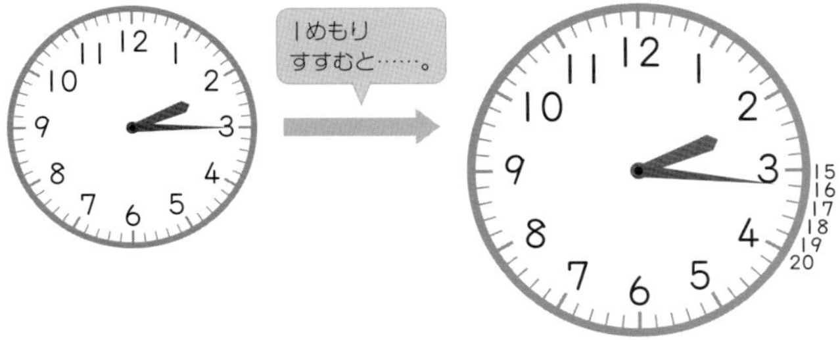
1めもり
すすむと……。
15 16 17 18 19 20

（ 2 じ 15 ふん ）（ 2 じ 16 ぷん ）

17 なんじなんぷん ⑦

2 とけいを　よみましょう。　1つ10［60てん］

①

ながい はりが
1の ときは
5ふんだから……。

②

（ 9 じ 7 ふん ）（ 9 じ 8 ふん ）

③

④

（ 9じ9ふん ）（ 2じ17ふん ）

⑤

ながい はりが
3の ときは
なんぷんかな。

⑥

（ 2じ18ふん ）（ 2じ19ふん ）

こたえ 73ページ

がつ　にち　てん

18 なんじなんぷん ⑧

25分・35分＋1～4分の時刻の読み取り

なまえ

1 とけいを よみましょう。 1つ10［40てん］

①

②

ながい はりが
5の ときは
25ふんだよ。

（ 1 じ 26 ぷん ）（ 1 じ 27 ふん ）

③

④

（ 1じ28ふん ）（ 1じ29ふん ）

2 ながい はりを かきましょう。 1つ5［10てん］

① 8じ26ぷん

★5（25分）の
ところから，
目もりをてい
ねいに数えま
しょう。

② 5じ39ふん

18 なんじなんぷん ⑧

3 とけいを よみましょう。 1つ10［40てん］

①

②

ながい はりが
7の ときは……。

（ 4 じ 36 ぷん ）（ 4 じ 37 ふん ）

③

④

（ 4じ38ふん ）（ 4じ39ふん ）

4 ただしいのは どちらですか。［10てん］

ア 10じ23ぷん

イ 10じ28ふん

（ イ ）

こたえ 74ページ

がつ にち てん

19 なんじなんぷん ⑨

45分・55分＋1～4分の時刻の読み取り

なまえ

1 とけいを よみましょう。 1つ10［40てん］

①

②

ながい はりが 9の ときは 45ふんだよ。

（ 3 じ 46 ぷん ）（ 3 じ 47 ふん ）

③

④

9から なんめもり すすんで いるかな。

（ 3じ48ふん ）（ 3じ49ふん ）

2 ねるまえに はみがきを します。

とけいを よみましょう。 ［10てん］

（ 8じ47ふん ）

19 なんじなんぷん ⑨

3 とけいを よみましょう。 1つ10［40てん］

①

②

ながい はりが 11の ときは なんぷんかな。

（ 7 じ 56 ぷん ）（ 7 じ 57 ふん ）

③

④

（ 7じ58ふん ）（ 7じ59ふん ）

4 1じ59ふんの とけいは どちらですか。 ［10てん］

ア

イ

★アの短針は1に近いですが，1を過ぎてはいないことに注意します。

（ イ ）

こたえ 75ページ

がつ にち てん

20 なんじなんぷん まとめ

何時何分のまとめ

なまえ

1 とけいを よみましょう。 1つ10［50てん］

みじかい はりで 「なんじ」，ながい はりで 「なんぷん」を よもう。

① 

（ 6じ24ぷん ）

② 

（ 5じ11ぷん ）

③ 

（ 10じ35ふん ）

④ 

（ 9じ49ふん ）

⑤ 

（ 1じ58ふん ）

2 とけいを よみましょう。 1つ10［50てん］

① 

（ 2じ30ぷん ）

② 

（ 7じ50ぷん ）

③ 

（ 8じ3ぷん ）

④ 

（ 4じ32ふん ）

⑤ 

（ 11じ26ぷん ）

とけいの よみかたが わかったかな。

★①は「2じはん」でも正解です。2つの言い方があることを伝えましょう。

こたえ 76ページ

がつ　にち　てん

21 とけいの よみかた

デジタル式の時計の読み方

なまえ

1 すうじを よみましょう。　1つ5［50てん］

① 0	（ 0 ）	② 1	（ 1 ）
③ 2	（ 2 ）	④ 3	（ 3 ）
⑤ 4	（ 4 ）	⑥ 5	（ 5 ）
⑦ 6	（ 6 ）	⑧ 7	（ 7 ）
⑨ 8	（ 8 ）	⑩ 9	（ 9 ）

★7と表されることもあります。

2 とけいを よみましょう。　1つ10［50てん］

① 03: 12
（ 3じ12ふん ）

② 10:00
（ 10じ ）

③ 07:45
（ 7じ45ふん ）

④ 04:36
（ 4じ36ぷん ）

⑤ 08:09
（ 8じ9ふん ）

デジタルどけいも よめる ように なったかな。

こたえ 77ページ　がつ　にち　てん

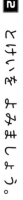

22 1ねんせいの まとめ

1年生の時計のまとめ

なまえ

1 とけいを よみましょう。 1つ10［30てん］

①

（ 1じ40ぷん ）

とけいを
よめると
べんりだね。

②

（ 9じ18ふん ）

③

（ 6じ2ふん ）

2 7じ58ふんの とけいは どちらですか。 ［20てん］

ア

イ

★間違えやすい問題です。短針の位置をよく見ましょう。
イの短針は，まだ7を過ぎていません。

（ ア ）

22 1ねんせいの まとめ

3 とけいを よみましょう。 1つ10［30てん］

①

（ 5じ25ふん ）

②

（ 3じ31ぷん ）

③

（ 11じ49ふん ）

いよいよ さいごの ページだよ。
よく がんばったね！

★「●時●分になったら教えてね。おやつにしよう。」などと声をかけ，楽しく時計を読む機会をつくっていきましょう。

4 ながい はりを かきましょう。 1つ10［20てん］

① 2じ45ふん

② 10じ8ふん

こたえ 78ページ

がつ にち てん

チョコっと ひとやすみ

★こうさく★
カードを
つくってみよう！

メッセージカード

うらに メッセージを かいて，
ピンクの せんで はんぶんに おろう！

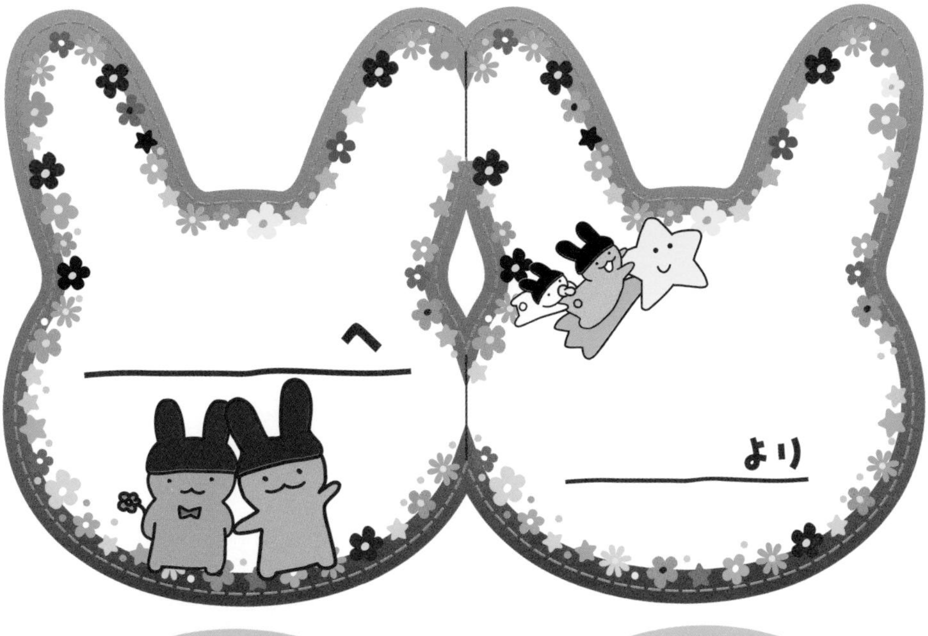

はさみや カッターを つかう ときは，けがに きを つけよう！